化学篇

哇，科学有故事！

气体的故事

[韩]李俊昊/文　[韩]许贤京/绘　千太阳/译

人民东方出版传媒
People's Oriental Publishing & Media
东方出版社
The Oriental Press

布莱克

大理石被加热时释放出来的是什么气体?

在火里"熊熊"燃烧的到底是什么气体?

卡文迪许

氧化汞燃烧时释放出了什么气体?

普利斯特里

目录

布莱克医生，听说您发现了一种能够灭火的气体？

18 世纪时，很多英国人都得了一种叫作膀胱结石的疾病，但是他们都很害怕做手术。因为当时还没有麻醉剂，所以手术的过程非常痛苦。作为医生，我在开发膀胱结石治疗剂时，无意中发现了具有灭火性质的二氧化碳。

约瑟夫·布莱克是英国的一名医生，也是化学家、物理学家。

当时，布莱克正潜心钻研治疗方案来应对一种叫作膀胱结石的疾病。顾名思义，膀胱结石就是膀胱里出现石头的疾病。据说，现在也有很多人患有这种疾病。

患有膀胱结石的人需要承受极大的疼痛。

有时，结石还会导致排尿困难，所以患者异常痛苦。

想要减轻膀胱结石患者的痛苦，就必须通过手术取出膀胱里面的结石。

然而在 18 世纪的英国，这是一项非常困难的手术。当时人们还没有发明出麻醉剂，来帮助病人减轻手术带来的痛苦。

因此，每次手术时，患者都要承受"切肤之痛"。

布莱克实在不忍心看到患者们继续遭受这样的痛苦。

"世上肯定有能够治疗膀胱结石的方法……"

"有什么物质可以溶化石头呢？"

"对了，碳酸镁！"

经过一番冥思苦想之后，布莱克的脑海中忽然浮现出碳酸镁。因为众所周知，含有碳酸镁的水可以溶化石头。

含有碳酸镁的水

石头

布莱克首先对碳酸镁进行加热，再将它磨成粉末，然后倒入一些水进行搅拌，药水就算制作完成了。

这是当时医生制作药水的常用方法。

然而奇怪的是，他将石头投入药水中，石头并没有溶化。

"碳酸镁的性质完全变了！居然无法溶解石头了！"

"只不过是加热一下而已，怎么会出现这样的情况呢？"

更让人惊讶的是，它的重量也只剩下原来的一半。

"重量为什么会减少？"

"一定是加热的时候有什么东西消失了！"

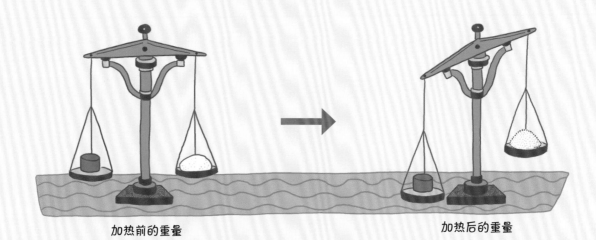

加热前的重量　　　　　　　　　　　加热后的重量

在对固体进行加热后，固体的重量减少了，真是一件非常奇怪的事情。

布莱克也很好奇重量减少的原因。

"莫非这些固体长了腿，自己逃跑了不成？"

到底逃到了哪里？

布莱克用其他固体进行了相同的实验。

但是根本无法弄清究竟少了什么东西。

如果消失的是固体或液体，都可以用肉眼看得到，但无论怎么看，少的东西都不像是以固体或液体的形态消失的。

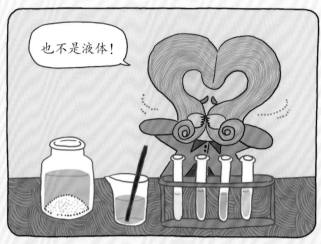

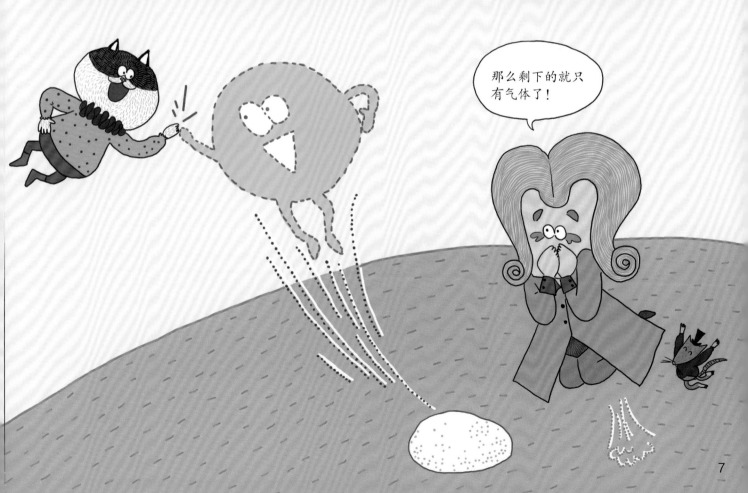

为了验证自己的想法，布莱克制作出一个可以收集气体的实验装置。他对大理石进行加热，从而成功地收集到固体释放出来的气体。

令人惊讶的是，这些气体的量多得惊人。

"终于成功了！"

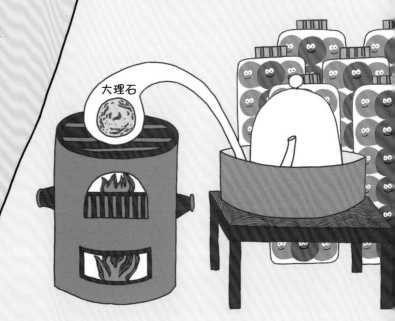

大理石

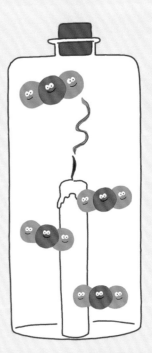

在装有那种气体的瓶子里放入一根点燃的蜡烛，蜡烛马上熄灭了。

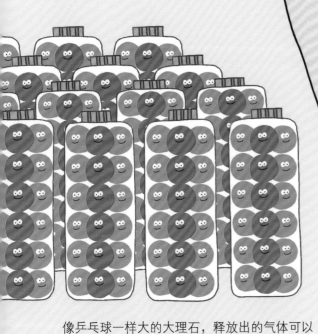

像乒乓球一样大的大理石，释放出的气体可以装满23个1000毫升的牛奶盒。

布莱克用大理石释放出来的气体做了很多不同的实验，他发现的这种气体其实是二氧化碳。

布莱克一心想要救治病人，最终却意外地发现了二氧化碳。

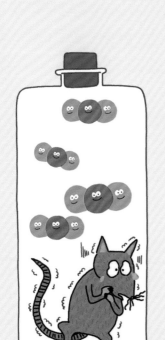

将老鼠放进去后，老鼠无法正常呼吸。

我发现这种气体可以灭火。

二氧化碳

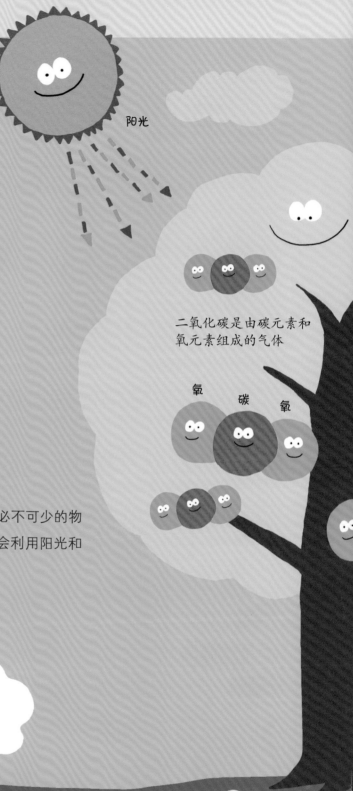

阳光

二氧化碳是一种由碳元素和氧元素组成的气体。空气中含有非常少量的二氧化碳，主要通过动植物呼吸和火山爆发产生。冰激凌店里常见的、会散发出白色烟雾的干冰就是固体形态的二氧化碳。

二氧化碳是由碳元素和氧元素组成的气体

氧　碳　氧

植物与二氧化碳

二氧化碳是植物生长过程中必不可少的物质。植物吸收二氧化碳后，会利用阳光和水制造出生长所需的养料。

水

空气中的二氧化碳

地球的空气中含有0.03%左右的二氧化碳。

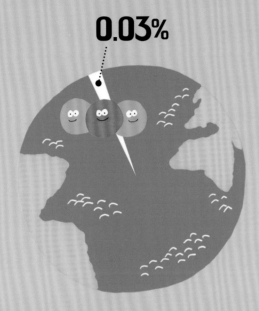

0.03%

二氧化碳的重量

在常压状态下，装满1000毫升牛奶盒的二氧化碳质量约为1.96克。

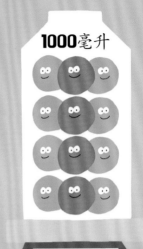

1000毫升

1.96克

二氧化碳的性质

二氧化碳能够阻断空气，从而起到灭火的作用。

因此，二氧化碳可以用来制造灭火器。

碳酸饮料的由来

清凉的碳酸饮料中"咕嘟咕嘟"冒出的泡泡就是二氧化碳。

从前，从地下涌上来的矿泉水中也含有二氧化碳。18世纪时，医生们还曾把这种矿泉水当成助消化的药来使用。他们认为矿泉水清爽、刺激的口感能够让胀气的肚子变得舒服起来。含有二氧化碳的矿泉水很受人们的喜爱，但由于不易收集，所以价格十分昂贵。

而解决这一问题的人是英国科学家——普利斯特里。

在得知溶解在矿泉水中的物质就是二氧化碳后，普利斯特里便想方设法在水中溶入二氧化碳，制作出了碳酸水。一些眼光独到的商人们马上将它利用到商业领域，并大获成功。正是因为普利斯特里的好奇心和钻研精神，我们现在才能用低廉的价格买到各种好喝的碳酸饮料。

如今，我们常喝的碳酸饮料就是在水中加入二氧化碳、色素、香料等原料制作的。由于价格低廉，全世界的人都能随心所欲地畅饮自己喜欢的碳酸饮料。

在全世界享有极高人气的碳酸饮料

卡文迪许叔叔，**听说您发现了一种易燃气体？**

我的性格有些孤僻，平时不擅长和别人相处，尤其不敢接触女人。也正是因为如此，我才能全身心地投入到自己喜欢的科学研究当中，并发现了遇火就燃烧的氢气。

出生于1731年的英国化学家、物理学家亨利·卡文迪许，是一个性格非常孤僻的人。

他不敢接触女人，因此在挑选女仆时，他提出的唯一要求就是不能与自己碰面。曾经就有一位女仆只因无意间撞见卡文迪许，而被解雇。

即使吩咐女仆们准备三餐或洗衣服时，卡文迪许也不会亲自跟她们吩咐，而是给她们留下纸条。甚至，他还在家中为自己建造了一条秘密通道，以便能够躲开女仆们。

起初，卡文迪许并不是一个性格孤僻的人。小时候，他也能正常地跟别人交流。长大变声之后，卡文迪许因为嗓音非常尖细，经常被人们嘲笑。卡文迪许很伤心，才渐渐变得不爱说话。

"我以后再也不跟女人说话了。"

这件事情给卡文迪许带来了很大的伤害，但其实也不是一点儿好处都没有。比如，这使得卡文迪许能够心无旁骛地去研究自己一直感兴趣的科学。

当时英国的科学家们或多或少都接触过一些易燃气体。

"食物腐烂时释放出的气体会让火'熊熊'燃烧起来。"

"把金属放入酸中时,'嗞嗞'冒出来的气体也很容易被点燃。"

然而,科学家们只知道有易燃气体存在,却从未想过将那些气体收集起来进行研究。

卡文迪许正好对那些易燃气体很感兴趣。于是,他打算通过实验进行更深入的研究。

卡文迪许制作了一个能够收集气体的装置。

他在反应装置里面放入一块锌，再倒了一些盐酸进去。

果然，反应装置里面开始"嗞嗞"冒出一些气体来。

盐酸

锌

气体

为了搞清楚得到的气体有什么特性，卡文迪许直接往收集装置里面丢了一根火柴。

"真的会像传言一样，很容易就被点着吗？"

就在这时，伴随"砰"的一声巨响，装置发生了爆炸。

"这已经不是'易燃'可以描述的程度！太了不起

了！看来这种气体和火有着很深的关联。"

砰！

为了防止再次发生爆炸，他精心地设计了一个新的实验。

卡文迪许在装有空气的玻璃管中灌入一些易燃的气体，再把瓶口封得严严实实，然后在管内小心翼翼地引出电火花。

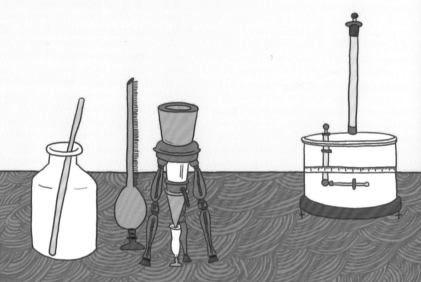

氢气和氧气的反应实验

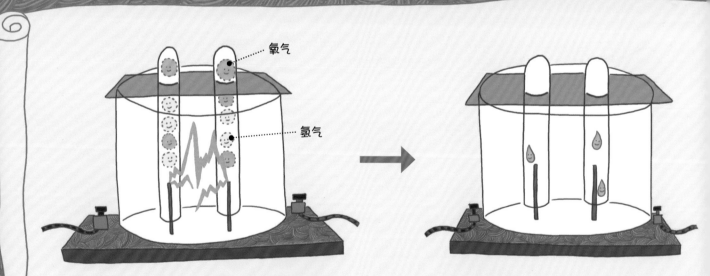

引出电火花后，气体一下子就燃烧起来。

玻璃管内壁上凝结了一些水滴。

实验结束后，玻璃管上凝结了一些水滴，说明空气中的氧气和卡文迪许发现的易燃气体相遇后生成了水。其实这里的易燃气体就是氢气，而水正是由氢元素和氧元素组成的。

　　卡文迪许通过实验，第一个发现了氢气。

易燃气体和氧气发生
反应后变成了水。

实验生成的水的质量与消失的气体的
质量相同。

氢气

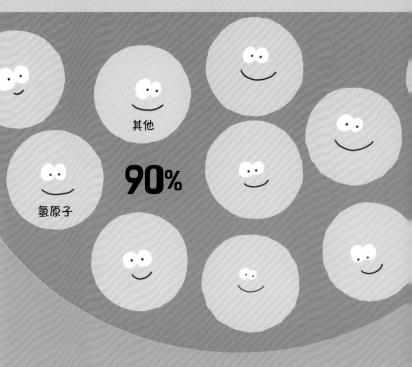

其他

氢原子

90%

氢气是宇宙中最常见的、最轻的气体。氢元素的英文名称最初是"水的原料"的意思。实际上，水确实是由氢气与氧气结合而来。氢气在常温下是气体形态，而在零下259 摄氏度则会变成雪一样的固体。

宇宙中的氢
宇宙的元素中90%都是氢。

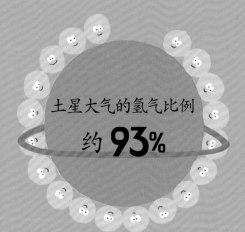

土星大气的氢气比例
约 **93%**

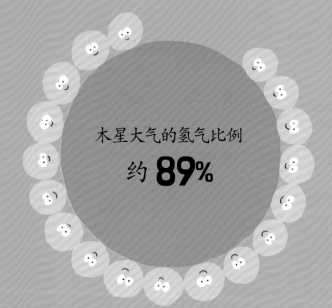

木星大气的氢气比例
约 **89%**

1000毫升

0.09克

氢气的质量

氢气是最轻的气体。在常压状态下，能够装满1000毫升牛奶盒的质量也只有0.09克。

氢气的性质

氢气非常容易被点燃，而且释放出的热能大约是天然气的2倍、汽油的3倍、煤炭的5倍。

天然气

2倍

汽油

3倍

煤炭

5倍

含有氢的人造黄油

抹面包用的人造黄油中含有氢元素。

人造黄油是在植物油中加入氢催化而成。

19世纪，昂贵的黄油一直令法国皇帝拿破仑三世头痛不已。于是，他宣布会大大奖励制造出黄油替代品的人。

听到这个消息后，科学家梅奇·莫里埃不断进行研究，终于在1869年制造出人造黄油。他最开始使用动物油作为原料。然而，动物油不仅带有异味，口感也不佳。不过，将动物油换成植物油后，口味和口感都提升了很多。

人造黄油吃起来和天然黄油接近，价格更平易近人，所以在当时深受人们的喜爱。在第二次世界大战期间，欧洲实施黄油配给制，人造黄油销量一下子提高了上去。

不过在物质丰富的今天，天然黄油不再价格高昂，因此推荐选择营养价值更高的天然黄油。

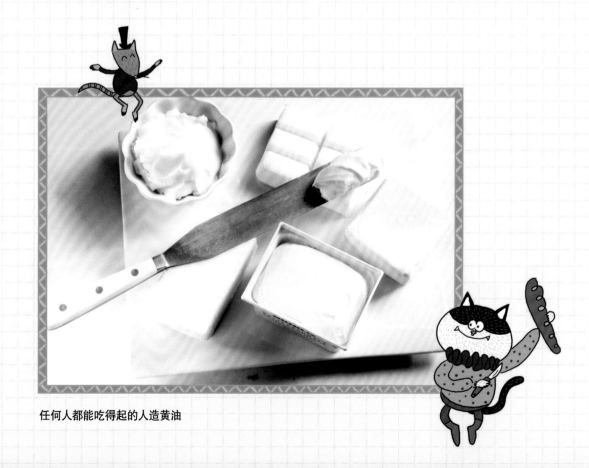

任何人都能吃得起的人造黄油

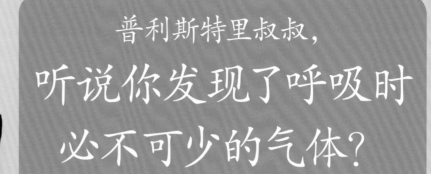

普利斯特里叔叔，
**听说你发现了呼吸时
必不可少的气体?**

在过去，对于固体燃烧时产生气体的现象，人们虽然感到诧异，却并未多
做理会。因为他们始终认为那是两种完全不同的物质。后来，我对那种现象感
到好奇，于是在经过多次实验后，发现了呼吸必不可少的气体——氧气。

出生于 1733 年的英国化学家约瑟夫·普利斯特里，非常热爱科学。他进行过无数科学研究，撰写过 150 多本书。但是普利斯特里患有非常严重的健忘症。有一次，他为了写书，特意将学到的内容密密麻麻地记在笔记本上，可是他转眼就将笔记本给忘掉了。

　　"什么？笔记本？你说我之前做过笔记？"

　　于是，他又从头开始学习，然后将之前写过的内容再次记在新的笔记本上。

有一天，普利斯特里在整理房间时遇到了一件令他无比惊愕的事情——他在房间里发现了自己曾经整理过的笔记。

"天啊！我竟然学过这些内容？"

更令他震惊的是，那样的笔记本不止一两本。

不过，对于普利斯特里来说，健忘症并非只有坏处，他能够以崭新的心态去学习自己喜欢的内容。

有一天，普利斯特里听到一个非常有趣的传闻。

"听说有人将石头、金属等固体放在火上烤，结果发现它们
会释放出各种不同的气体。"

"怎么可能？石头怎么可能会释放出气体？"

对于当时的人们来说，这样的说法无疑是天方夜谭。

因为人们始终认为石头和气体是完全不同、毫无联系的东
西，所以他们并不相信石头能够释放出气体。

最终，普利斯特里决定亲自尝试一下。

是吗？那我就制作一次
气体看看。

不过，普利斯特里并没有满足于制作气体。

他更希望将制作出来的气体收集在玻璃瓶中，进行仔细观察。然而，将制作出来的气体与空气完全分离并不是一件容易的事情。

"有没有什么办法可以解决这个问题呢？"

"对了。我可以直接用完全没有空气的真空玻璃容器来收集制作的气体！"

普利斯特里在玻璃容器中倒入氧化汞，然后用泵抽走了里面的空气。

"现在，我要点燃真空玻璃容器中的氧化汞。如此一来，玻璃瓶中聚集的就全是新产生的气体了。"

　　这虽然是一个很好的主意，但还有一个问题需要解决。那就是他没办法隔空点燃玻璃容器中的氧化汞。

　　最终，普利斯特里想到了利用透镜来点燃氧化汞。

我没办法用火点燃氧化汞。

因为只要有一点儿缝隙，空气就会进入其中。

但是光线不需要缝隙就能穿透玻璃。

所以我可以用放大镜来聚集阳光。

普利斯特里怀着激动的心情开始了他的实验。

他在玻璃容器中倒入氧化汞，再抽光里面的空气，使容器内成为真空状态，然后用放大镜把阳光聚集到氧化汞上。

果然，氧化汞放出的一些气体，被好好地保存在玻璃容器中了。

普利斯特里非常好奇收集到的气体到底拥有什么性质。于是，他用这些气体做了各种实验。

他不仅尝试过把蜡烛或动物放进气体中，还亲自闻过它的味道。

普利斯特里的实验

蜡烛放入气体中时

蜡烛的光变得更明亮，燃烧的时间也比在外面更长。

直接吸入气体时

呼吸变得更加顺畅。

将老鼠放入气体中时

老鼠存活的时间约是待在装有普通空气玻璃瓶中的两倍。

实验结果表明，这种气体就是呼吸时必不可少的氧气。正是因为有了患有严重健忘症的普利斯特里，我们才能发现氧气。

这种气体好像可以帮助生物生存下去。

氧气

氧气是生物生存所必需的一种气体。如果没有氧气，人只能活大约 8 分钟的时间。氧气的英文名称为 Oxygen，是希腊文单词"酸味"和"生成"的结合体。由于氧气燃烧时产生的物质带有酸味，所以人们就给它取了这样的名字。

空气中的氧气

地球的空气中氧气约占1/5。

氧气

生命离不开氧气

呼吸需要氧气。我们体内的细胞必须有氧气才能活下去。

氧气的质量

在常压状态下，能够装满1000毫升牛奶盒的氧气质量为1.43克左右。

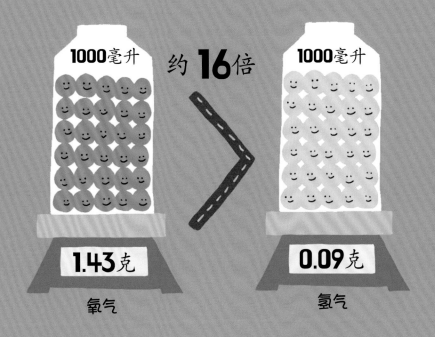

约 **16**倍

1000毫升　　　1000毫升

1.43克　　　**0.09**克

氧气　　　　氢气

燃烧

物质要想被点燃，就要有氧气、可燃物及加热的过程。这三个条件无论缺少哪个，都不会发生燃烧。

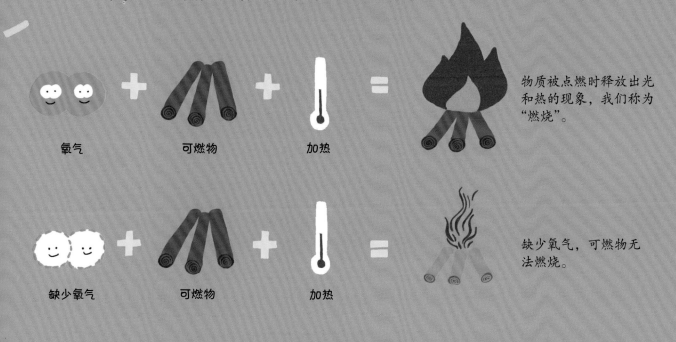

氧气　　＋　　可燃物　　＋　　加热　　＝

物质被点燃时释放出光和热的现象，我们称为"燃烧"。

缺少氧气　　＋　　可燃物　　＋　　加热　　＝

缺少氧气，可燃物无法燃烧。

地球的氧气工厂——亚马孙

位于巴西的亚马孙热带雨林面积有 550 万平方千米。

全世界近一半的雨林都分布在亚马孙地区，而这里的亚马孙河是世界上流量最大的河流，它注入大海的水量约是全世界河流注入大海总水量的 20%。亚马孙地区的无数树木在不停地释放氧气，地球氧气量的 20% ～ 25% 都是来自这里。因此，亚马孙也被称为"地球之肺"。

但是人类为了修建道路或建造工厂，不断地砍伐树木、放火烧林，使得热带雨林渐渐遭到破坏。

据了解，从 1960 年到 2000 年消失的森林面积约有 80 万平方千米。哪怕是现在，每年仍有大片大片的森林在消失。有些人猜测，五十年后亚马孙的生态系统将完全遭到破坏。

广阔的亚马孙热带雨林

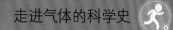

寻找
看不见的
气体

很多气体看不见、摸不着、闻不到，所以虽然它们始终围绕在我们身边，但我们一点儿都察觉不到它们的存在。在科学家们的努力下，人们从 18 世纪开始陆续认识各种气体。

1662年

波义耳定律的发表

波义耳发表"气体的体积减小，压力就会增大"的波义耳定律。

 1756年

二氧化碳的发现

为了给病人治病，布莱克对碳酸镁展开研究，并发现了二氧化碳。

 1766年

氢气的发现

卡文迪许在往锌上倒盐酸时发现了氢气。

 标记的部分是正文中出现的内容。

氧气的发现

1774年

普利斯特里发现了氧气。除了氧气之外，普利斯特里还发现一氧化氮、二氧化氮、氯化氢等多种气体。

燃烧学说的发表

1777年

拉瓦锡认为燃烧就是物质与空气中的氧气结合的过程。

现在

为了解决环境问题，科学家们正在对氢气和二氧化碳进行深层次研究。氢气在燃烧时不会产生污染物质，所以用作燃料就能减少环境污染。二氧化碳是一种能够引发全球变暖的气体，所以科学家们正在研究收集并储存空气中的二氧化碳的技术。

图字：01-2019-6046

图书在版编目（CIP）数据

气体的故事 /（韩）李俊昊文；（韩）许贤京绘；千太阳译 . —北京：东方出版社，2020.12
（哇，科学有故事！. 物理化学篇）
ISBN 978-7-5207-1482-2

Ⅰ . ①气… Ⅱ . ①李… ②许… ③千… Ⅲ . ①气体－青少年读物 Ⅳ . ① O354-49

中国版本图书馆 CIP 数据核字（2020）第 038661 号

哇，科学有故事！化学篇·气体的故事
（WA，KEXUE YOU GUSHI! HUAXUEPIAN·QITI DE GUSHI）

作　　者：［韩］李俊昊 / 文　　［韩］许贤京 / 绘
译　　者：千太阳

策划编辑：鲁艳芳　杨朝霞
责任编辑：金　琪　杨朝霞
出　　版：东方出版社
发　　行：人民东方出版传媒有限公司
地　　址：北京市东城区朝阳门内大街166号
邮　　编：100010
印　　刷：北京彩和坊印刷有限公司
版　　次：2020年12月第1版
印　　次：2024年11月北京第4次印刷
开　　本：820毫米×950毫米　1/12
印　　张：4
字　　数：20千字
书　　号：ISBN 978-7-5207-1482-2
定　　价：256.00元（全10册）
发行电话：（010）85924663　85924644　85924641

文字　[韩] 李俊昊

现任仁川普贤洞小学教师。为了跟更多的人分享科学的趣味，在网上开办了播客"在科学闪光的夜晚"。另外，有时还会到大学里给学生们讲教养科学。主要作品有《在科学闪光的夜晚》等。

插图　[韩] 许贤京

正在与两只猫咪一起愉快生活的自由插画家。喜欢旅行，在陌生的场所享受悠闲的时光。主要作品有《隐藏在节日中的科学》《企鹅也不知道的南极故事》《儿童博物馆：快乐的历史体验》《为外星人准备的地球指南》等。

哇，科学有故事！（全 33 册）

扫一扫
看视频，学科学